# 数学不无聊

## 妙趣横生的数学故事 下册

［日］中田寿幸 监修

马宜竞 译

SPM 南方传媒 ｜ 新世纪出版社

·广州·

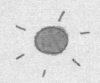

# 有趣的应用题

# 大家一起分享吧
## ——分配问题

大家每个月都能拿到多少零花钱呢？100 元还是 200 元？有些同学没有零花钱，也坚持下来了，很了不起呢。

如果要把一个季度的零花钱 2000 元分给老大、老二和老三 3 个孩子，老大比老三多分 220 元，老三比老二少分 40 元，那么要分给老大多少钱呢？

"零花钱的话，我觉得是 500 元左右！"

那我们来试着计算一下吧。

如果老大分了 500 元，那么如下一页图所示，老三分得的钱数就是 280 元，老二分得的钱数则是 320 元。

三人分得的钱数加起来是 1100 元，并不是 2000 元呢，所以分给老大的零花钱应该比 500 元多。

**三人分得的钱一共是 500 + 320 + 280 = 1100（元）**

零花钱总数少了，老大的零花钱应该比500元更多。

　　我们可以再算算分给老大的零花钱是不是 600 元，像这样通过一点一点增加数额来计算正确答案很不方便。

　　让我们改变一下方法，通过画图来梳理一下问题吧。

如下图所示，如果把所有分得的零花钱全都换成1元硬币排列的话，可以看出，得到零花钱最少的老三那里，排列的硬币也最少呢。老大分得的零花钱比老三的多220元，老二的零花钱比老三的多40元。

也就是说，老三得到的零花钱是2000元减去220元，再减去40元，然后除以3之后得到的数值。

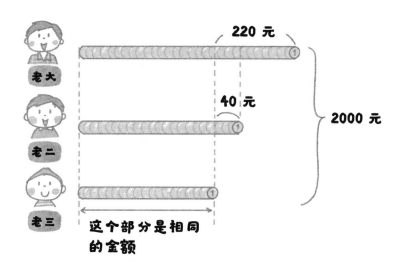

（2000－220－40）÷ 3 = 580（元）

计算的结果是老三分得的零花钱为 580 元，老二的是 620 元。老大比老三多分得 220 元零花钱，所以老大的零花钱是 800 元。

现在，三人分得的零花钱加起来是 2000 元吗？请动手计算再确认一下吧。

## 练 一 练

把 120 张折纸分给小红、小明、小花三个人。小红比小明多分 15 张，小明比小花多分 6 张。小明分得了多少张呢？

答案：37 张

# 我们来玩比较年龄的游戏吧
## ——年龄问题（差倍问题）

这回我们用年龄来出一道题吧。现在，爸爸的年龄是 41 岁，孩子的年龄是 9 岁。当爸爸的年龄正好是孩子年龄的 3 倍时，是在几年后呢？

1 年后，爸爸 42 岁，孩子 10 岁；5 年后，爸爸 46 岁，孩子 14 岁，还不是 3 倍。10 年后，爸爸 51 岁，孩子 19 岁……咦？居然又不到 3 倍了。

我们画图来看看这个问题可以怎么解吧。

首先，画出线段分别表示爸爸和孩子现在的年龄。

考虑到年龄每年增长一岁，所以分别代表爸爸和孩子年龄的线段也会相应地增加相等的长度。□ 年后，当爸爸的年龄正好是孩子年龄的 3 倍时，线段也会相应增加代表 □ 岁的长度……

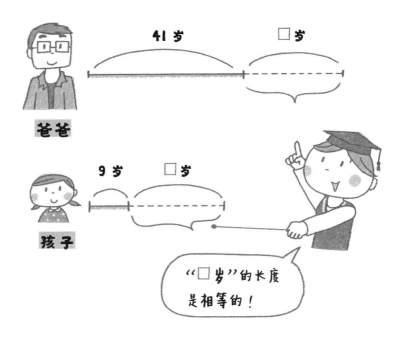

还是不太懂吗?

把表示 □ 岁的线段放在左边，看起来更容易理解一些。我们试试看吧。

如下图所示，爸爸的年龄是孩子年龄的 3 倍，意味着表示爸爸年龄的线段是表示孩子年龄的线段长度的 3 倍。按照比例，就写成 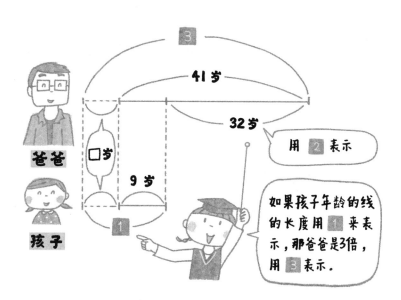1 和 3 吧。

爸爸和孩子的年龄相差 32 岁，用 2 来表示，那么 1 就是 16。所以孩子 16 岁的时候，爸爸的年龄刚好是孩子年龄的 3 倍。因为问题是"几年后"，所以答案应该是 16 减 9 等于 7 年后。

像"□年后""□年前"这类问题，把两个人共同的条件画在图中表示，就很容易理解了。

我们一起来做下面的练习吧！

现在，妈妈 32 岁，孩子 5 岁。几年后，妈妈的年龄是孩子年龄的 4 倍？

答案：4 年后

# 大家合作，更快完成
## ——工程问题

大家有没有涂过油漆呀？

涂一整面墙，如果小平需要 6 天涂完，而小安需要 12 天才能涂完，那么小平和小安一起涂这面墙的话，需要多久能涂完呢？

2 个人一起涂油漆比 1 个人独自涂能早一点儿涂完，所以 2 个人一起涂油漆花费的时间会少于 6 天吧？

是这样的，2 个人一起涂油漆的话，确实能比 1 个人更快涂完呢。这个问题也可以画出图来，这样更容易理解。

把工作的总量用单位"1"来表示的话，小平用 6 天涂完一整面墙，所以每天能涂 $\frac{1}{6}$ 面墙；需要 12 天能全部涂完的小安，每天能涂 $\frac{1}{12}$ 面墙。

那么 2 个人一起涂，需要多长时间呢？

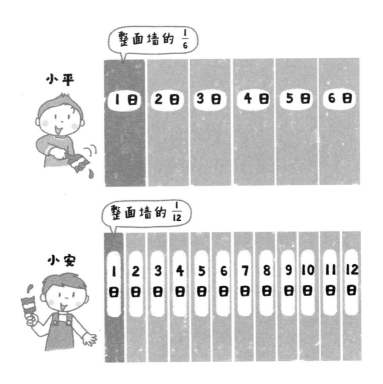

2个人一起涂这面墙，每天能涂 $\frac{1}{6}$ 加 $\frac{1}{12}$ 等于 $\frac{3}{12}$

（也就是 $\frac{1}{4}$）面墙，如下图所示，可以用线段画出来。

当4个 $\frac{1}{4}$ 凑成单位 "1" 的时候也就意味着整面墙都涂完了，所以2个人用4天就可以涂完了。

用这个方法，把工作总量看成单位 "1"，只要算出1天、1小时或者1分钟等单位时间的工作量，就能计算出完成全部工作所用的时间啦。

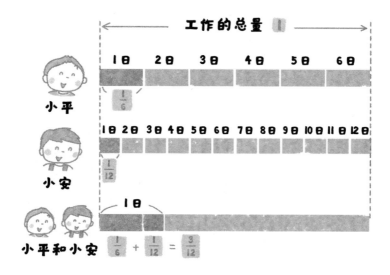

1.如果涂完一面墙，小明独自完成需要10天，小雨独自完成需要12天，小花独自完成需要15天。那么，他们3个人一起涂完整面墙需要几天呢？

2.要灌满一个水槽，使用A水管需要10分钟，使用B水管需要15分钟。如果同时使用A和B两种水管一起灌水，需要多少分钟？

答案: 1. 4 天

2. 6 分钟

# 如何推算整体的数量呢
## ——比例问题和倍数问题

    大家喜欢读书吗？书本可以告诉我们很多自己不曾经历过的事情，可以让我们积累很多知识呢。

    很喜欢读书的小亮正在读一本书。假设当他读了整本书的 $\frac{1}{4}$ 时，这本书还剩下 180 页。大家能算出这本书一共有多少页吗？

    那么接下来，我们还是画一张图来帮助思考吧。下一页的线段图表示整本书的页数，现在已经读了 $\frac{1}{4}$，所以还剩 $\frac{3}{4}$ 没有读。

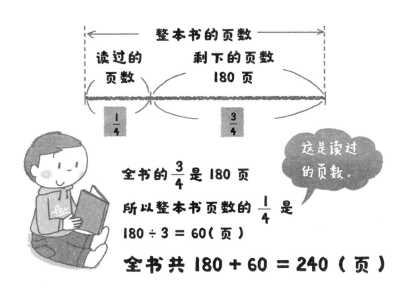

全书的 $\frac{3}{4}$ 是 180 页

所以整本书页数的 $\frac{1}{4}$ 是

180 ÷ 3 = 60（页）

这是读过的页数。

**全书共 180 + 60 = 240（页）**

从上图可以看出，全书页数的 $\frac{3}{4}$ 等于180页。那么，

小亮已经读过的 $\frac{1}{4}$ 的页数，用 180 除以 3 等于 60 页。

因此得出，整本书的页数一共是 180 加 60 等于 240 页。

当然啦，用 60 × 4=240（页）这个算式也可以得到同样的答案。

接下来，我们看一道稍微难一些的题。

小花正在读一本书，第一天读了整本书的 $\frac{2}{3}$，第二天读了剩下页数的 $\frac{3}{4}$，最后还有 27 页没有读完。那么小花第二天读了几页呢？还有，整本书一共有多少页呢？

这次我们还是画图来看一看吧。

小花第一天读了"整本书"的 $\frac{2}{3}$，所以还剩下"整本书"的 $\frac{1}{3}$ 没有读。第二天，读了"剩下页数"的 $\frac{3}{4}$。这些分数的单位量都不一样呢，所以在下一页的图中，我们用 ▓ 和 ● 分别表示它们。

由图可以看出，第二天读完后，剩下的 $\frac{1}{4}$ 等于 27 页。如果明白这一点的话，第一天读的页数、第二天读的页数和整本书的页数就可以对照图中所示，依次计算出来啦。

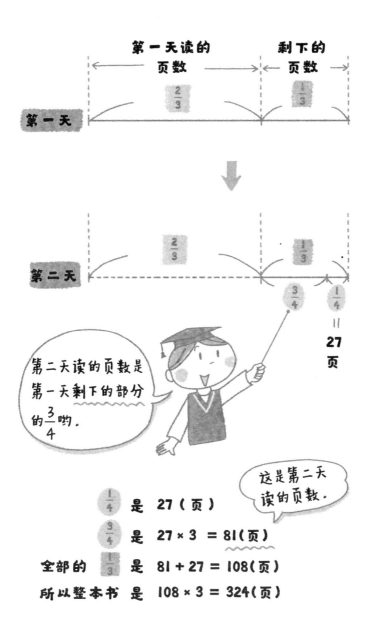

所以，答案是第二天读了 81 页，整本书一共有 324 页。

在这个问题当中，既有以"整本书的页数"为单位"1"的计算，也有以"剩下的页数"为单位"1"的计算。

只要仔细一些，确定把哪一部分作为比例相对应的基数，然后画出图，就很容易能搞明白这类问题啦。

## 练一练

小亮买了一个笔记本，用掉了钱包里 $\frac{2}{5}$ 的钱。他又用剩下钱的 $\frac{1}{3}$ 买了一支笔，最后钱包里还剩 180 元。小亮钱包里一共有多少钱呢？

答案：450 元

接下来，我们看看下面这道题该怎么解。

小亮和小花一起去买东西，他们带了相同金额的钱。小亮用了 100 元，小花用了 300 元，他们余下的钱数比是 5：3，那么两个人最开始各带了多少钱呢？

和前面一样，我们仍然画一张图来看看吧。

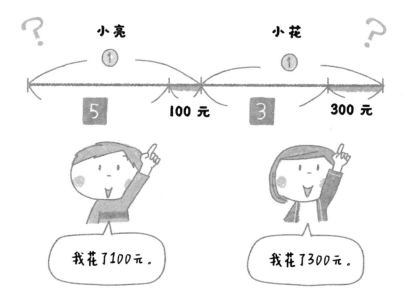

和前面一样，我们画一条线段。因为两个人带了相同金额的钱，所以我们从正中间把线段平均分为两段。小亮用了 100 元，小花用了 300 元，把剩下的金额写成 5：3，好像还是很难理解啊。

那我们再试试，把小亮和小花所带的钱分开画出来看看吧。

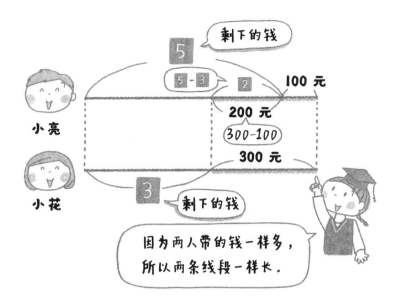

　　因为两人带的钱一样多，所以画两条一样长的线段。然后在上面标记出两人各自用掉的钱数。最后标记出两人各自剩下的钱数之比是 5：3。

　　从图中可以看出，两人花掉的钱的差额是 200 元，相当于图中的 2 表示的部分，那么比例中的 1 份是 100 元，小亮剩下的钱数是 100 的 5 倍，也就是 500 元。所以两人最开始各自拿了 600 元。

接下来我们再来看一看，如果两个人带的钱数不一样，情况又会是怎样的呢。

小亮比小花多带了 300 元。如果小亮又得到了 90 元，小花用掉了 50 元，这时小亮的钱是小花的钱的 3 倍。那么最开始的时候，小亮和小花各自有多少钱呢？

这次我们也画两条线段分别代表小亮和小花带的钱。因为最开始两个人带的钱不一样多，所以小亮的线段要长出来一部分，代表比小花多出的 300 元。小亮后来又得到了 90 元，所以小亮的线段后面要再多画一段。由于小花用掉了 50 元，所以线段要画短一段代表用掉了 50 元。最后小亮的钱是小花的钱的 3 倍。这样就得出下一页图中所示的那样，两个人最后钱的差额相当于 ❷ 。

也就是 50 元加 300 元，再加 90 元，等于 440 元，相当于 ❷ 的部分。小花剩下的钱数相当于 ❶ 的部分，也就是 220 元。因为小花用掉了 50 元，所以最开始她一共带了 270 元。270 元加 300 元等于 570 元，就是小亮最开始带的钱数啦。

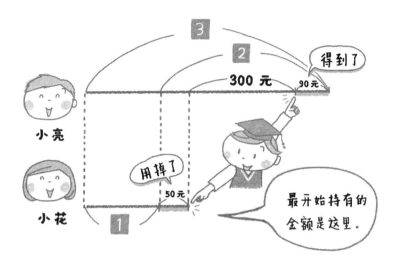

$\boxed{2}$ 是 50 + 300 + 90 = 440（元）

$\boxed{1}$ 是 440 ÷ 2 = 220（元）

小花最开始带了 **220 + 50 = 270（元）**

小亮最开始带了 **270 + 300 = 570（元）**

无论两个人带的钱是不是一样多，把问题当中含有的信息一个一个画在示意图里，就很容易理解了。

　　如果两个人用掉或者得到了相同金额的钱，可以像前面年龄问题的解题思路那样，把增加或减少的数值画在左边，就很容易理解啦。

　　总结一下，不论是前面书本问题用分数来表示的解题思路，还是这里金额问题的解题思路，关键都要先画图，然后清晰地标出与比例相对应的页数或金额。

小亮比小花多 12 块巧克力。后来，小亮又得到 6 块巧克力，小花则吃掉了 3 块巧克力，这时小亮的巧克力是小花的 4 倍。那么，最开始两人各有几块巧克力呢？

答案：小亮有 22 块，小花有 10 块。

# 把每次的数量差合起来
## —— 还原问题

这次，我们来研究一下还原问题，看看下面这道题。

盒子里面有一些草莓味糖果和一些葡萄味糖果，两种口味的糖果数量相等。每次从盒子里面取出 7 颗草莓味糖果和 4 颗葡萄味糖果，直到恰好取出了所有草莓味糖果，这时，盒子里还有15颗葡萄味糖果。那么，一共取了几次糖果呢？草莓味糖果和葡萄味糖果各有几颗呢？

也许大家会问："如果每次取出 7 颗草莓味糖果，结果能刚好取完，说明草莓味糖果的数量是 7 的倍数吗？"

同学们这样问有一定的道理，也许我们用 7 的倍数一个一个代入来确认一下，就能找到正确的答案了。

但是，如果糖果的数量非常多，用 7 的倍数逐一验证会很麻烦。那么，我们还是画图来梳理思路吧。

　　草莓味糖果和葡萄味糖果的数量是相同的，所以我们画两条一样长的线段。

草莓味
糖果　　　7颗　　　4颗　　　葡萄味
　　　　　　　　　　　　　　　糖果

取出糖果 □ 次，也可以在图中画出来。

那么，我们想一想，剩下 15 颗葡萄味的糖果是怎么回事呢？

第一次取出糖果之后，两种糖果各剩多少颗呢？

大家都知道剩下的糖果中葡萄味的更多，但比草莓味糖果多出多少呢？每次取出糖果的数量差是 7 减去 4 等于 3 颗。第 2 次取出糖果之后的情况又如何呢？

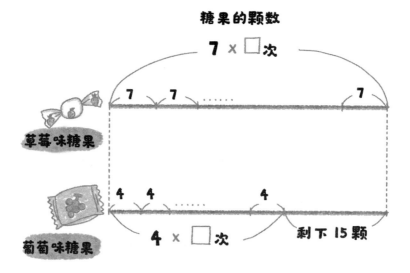

每取 1 次糖果，剩下的糖果中葡萄味糖果就比草莓味糖果多 3 颗，取出 2 次糖果后，剩下的葡萄味糖果就比草莓味糖果多了 3 颗的 2 倍，也就是 6 颗。那取出 3 次呢？葡萄味糖果就比草莓味糖果多了 3 颗的 3 倍，也就是 9 颗。这么算下去的话，取几次糖果之后，剩下的葡萄味糖果有 15 颗呢？是 15 颗除以 3 颗等于 5 次。

所以草莓味糖果是 5 次取完的，7 颗乘 5 次等于

**剩余葡萄味糖果和草莓味糖果的差额**

取出 1 次糖果之后          7 颗 − 4 颗 = 3 颗

取出 2 次糖果之后          3 颗 × 2 = 6 颗

取出 3 次糖果之后          3 颗 × 3 = 9 颗

⋮                        ⋮

取出 □ 次糖果之后          3 颗 × □ = 15 颗

□ 是 15 ÷ 3 = 5（次）

35 颗，也就是说盒子里最开始有 35 颗草莓味糖果。

我们再来看看另外一道题，也像上一道题那样，是把每一次的数量差合起来的问题。

小花带的钱刚好够买几盒 120 元的饼干，但她并没有买饼干，而是买了 80 元一盒的巧克力。用这些钱买巧克力能比买饼干多买 5 盒，那么小花一共有多少钱呢？

我们还是画图来看看吧。小花带的钱是固定的金额，也就是说买饼干和买巧克力的金额一样多，我们就画两条一样长的线段分别对应买饼干和买巧克力的情况。

可是，这里并没有出现上一道题里的数量差啊？

而且，这里也没有剩余零钱。还有其他不同的条件吗？

有同学说，多买了 5 盒巧克力呢。如果用这些钱购买的饼干和巧克力数量相等，那么买相同盒数的巧克力之后应该剩余 80 元乘 5 盒巧克力的钱，也就是 400 元。如下图所示。

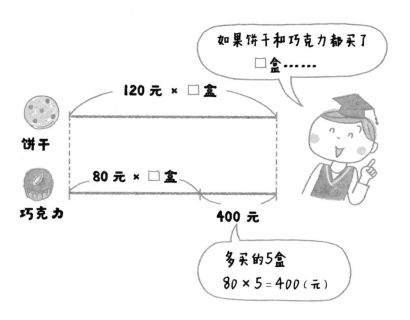

那么，为什么会剩下 400 元呢？有同学说，因为巧克力比饼干便宜。

确实，买了更便宜的东西就会有剩余的钱。如果只能买 1 盒饼干或者 1 盒巧克力的话，选择买巧克力就可以剩下 40 元。顺着这个思路，就可以画出下面的示意图。1 盒饼干和 1 盒巧克力相差 40 元，由此可以得出剩下的 400 元就是买 10 盒饼干和买 10 盒巧克力花的钱数之差。

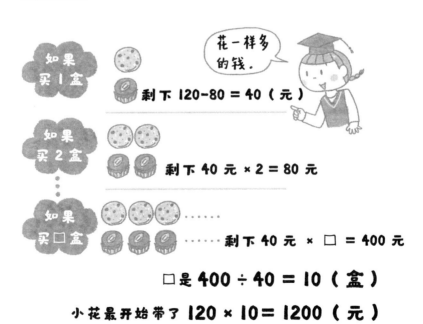

如果买 1 盒
花一样多的钱。
剩下 120－80 = 40（元）

如果买 2 盒
剩下 40 元 × 2 = 80 元

如果买□盒
······剩下 40 元 × □ = 400 元

□是 400÷40 = 10（盒）

小花最开始带了 120 × 10 = 1200（元）

那么，买 10 盒 120 元的饼干的金额，就是小花最开始带的钱的总金额：120 × 10 = 1200（元）。

用这样的方法，注意两数之差，想一想这个差的含义，就很容易理解这类问题啦。

用刚好能买几本价格 20 元的笔记本的钱去买每本 16 元的笔记本，买到的笔记本比买每本 20 元的笔记本多 3 本，而且没有剩余零钱。原计划是要买几本 20 元的笔记本呢？

答案：12 本

# 注意多出和不足的部分
## —— 盈亏问题

和还原问题一样，需要注意数量差的题目还有下面这种。

把一箱橘子分给几个小朋友，如果每人分到 4 个橘子，最后会剩下 15 个橘子，如果每人分到 7 个橘子，最后还缺 6 个橘子。那么一共有几个小朋友呢？

假设一共有 ● 个小朋友，试试画图来解答吧。画两条线段分别表示每人分 4 个橘子和每人分 7 个橘子这两种情况。每人分 4 个的时候，会多出来 15 个橘子。还是用之前的方法画图来梳理思路吧。

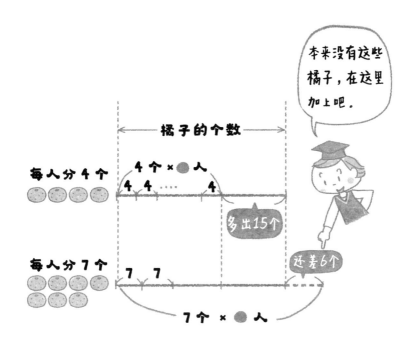

那么每个人分到 7 个橘子的情况又如何呢?

结果还缺 6 个橘子, 也就是说, 如果再有 6 个橘子, 就够给大家每人分 7 个橘子啦。所以虽然实际上缺了 6 个橘子, 我们仍然把表示那 6 个橘子的线段画出来, 如上图所示, 用虚线表示这 6 个橘子。

人数相同, 每人分 4 个橘子和每人分 7 个橘子时,需要橘子的数量差是多少呢？对，就是 15 个加 6 个等于 21 个。

这里的 21 个，是指每人分 4 个橘子时和每人分 7 个橘子时，分到橘子的数量差是 3 个，这些数量差合起来组成前面的总差额 21。所以 21 除以 3 等于 7，也就是一共有 7 个人来分这些橘子。

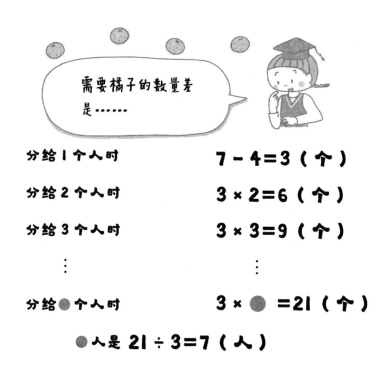

需要橘子的数量差是……

| 分给 1 个人时 | 7 − 4 = 3（个） |
| 分给 2 个人时 | 3 × 2 = 6（个） |
| 分给 3 个人时 | 3 × 3 = 9（个） |
| ⋮ | ⋮ |
| 分给 ● 个人时 | 3 × ● = 21（个） |

●人是 21 ÷ 3 = 7（人）

这个问题其实也是通过数量差来解答的，只要仔细思考数量差是怎样形成的就容易理解啦。

练一练

给几个小朋友分配折纸的纸张。每人分 10 张纸会多出 39 张纸，每人分 14 张纸会差 9 张纸。一共有多少张纸呢?

答案: 159 张

# 你知道每种动物各有几只吗
## —— 龟鹤问题

大家知道鹤和乌龟吗? 没错, 鹤就是能飞上天、有两条长腿的那种鸟。乌龟是可以在地面或水里缓慢移动的、有四条腿的生物。这两种动物都有很长的寿命, 在中国、日本等亚洲国家, 它们被视为寓意长寿的动物。

下面这个问题便和这两种动物有关。

笼子里有鹤和乌龟共 9 只, 它们一共有 26 条腿。请问笼子里的鹤和乌龟各有几只呢?

如果笼子里 9 只全都是鹤的话, 很快就能算出一共有几条腿: 每只鹤有 2 条腿, 所以一共有 18 条腿。

可是题目中说笼子里一共有 26 条腿, 26 减去 18, 还差 8 条腿, 腿的数量不够啊。

也就是说，笼子里并不都是鹤。

那么，把其中1只鹤换成1只乌龟，就可以增加2条腿。换成2只乌龟可以增加2的2倍，就是4条腿。

想要增加8条腿的话，就是8除以2等于4只，也就是说，需要把4只鹤换成4只乌龟。因为鹤和乌龟一共是9只，乌龟有4只，那么鹤的数量就是9-4=5只啦。

**如果9只全是鹤的话······**

**腿的数量是9×2=18（条）**

笼子里有26条腿，
还差26-18=8条腿。

用这个方法，即使只知道总数，不知道每种动物数量，只要假设全部都是某种动物的情况，先计算其中一种动物的数量，就能计算出每种动物有几只啦。

就像前面我们所讲的那样，如果问题是鹤和乌龟各有几只，先用鹤的数量或者先用乌龟的数量来计算都是可以的。

如果换成 1 只乌龟，增加 4 条 - 2 条 = 2 条腿

如果换成 2 只乌龟，增加 2 条 × 2 = 4 条腿

......

如果换成 ◯ 只乌龟，增加 2 条 × ◯ = 8 条腿

◯ 是 8 ÷ 2 = 4（只）

如果问题只是问其中一种动物的数量时，就要用另外一种动物的数量做假设，这样计算起来更方便。

我们可以想一想，像前面那样，先考虑"如果9只动物全都是鹤的话"，其实最先算出来的是乌龟的数量对吧？所以，如果想先求出鹤的数量，就要先考虑"如果9只动物全是乌龟的话"是什么情况。

鹤和乌龟共 83 只，它们一共有 228 条腿。请问鹤和乌龟各有几只？

答案: 鹤有 52 只，乌龟有 31 只。

5元和10元的纸币共32张，总金额是270元。请问其中有几张5元的纸币？

答案: 10张

# 两人多少分钟后相遇呢
## —— 相遇问题和追及问题

　　大家和朋友出去玩的时候，会提前相约吧？一般都会约定集合的时间和地点。

　　现在有这样的问题：小亮家和小刚家相距 2.1 千米。他们同时从自己家出发，向对方家走去。小亮每分钟走 70 米，小刚每分钟走 80 米，他们出门后多少分钟遇到对方呢？

　　有同学说："想在 5 分钟之后就遇到对方啊。"确实，大家都想早点儿相遇，希望能节约时间一起多玩会儿呢。

　　出发后 5 分钟，他们离彼此近了些，这时小亮离家 350 米，小刚离家 400 米。他们原本相距 2.1 千米，也就是 2100 米，看样子离遇到彼此还有一段距离啊。

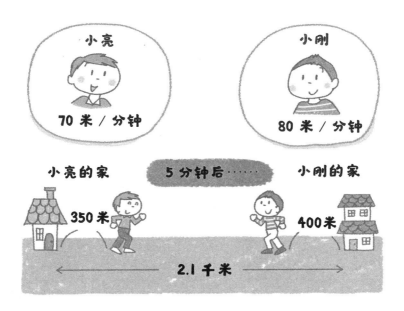

那么出发后 10 分钟两人之间的距离是多少呢？这时小亮已经走了 700 米，小刚走了 800 米，他们虽然离彼此更近了一些，但还是没有相遇。

两个人之间的距离的确渐渐缩短了。1 分钟后、2 分钟后……我们把两个人走过的距离画出来看看。

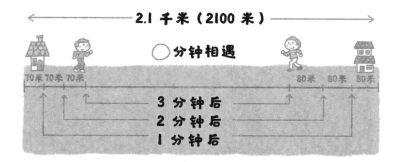

1 分钟后接近 70 + 80 = 150（米）

总距离 2100 米，所以 150 × ○ = 2100（米）

## ○ 是 2100 ÷ 150 = 14（分钟）

　　可以看出，两个人之间的距离随着前进的时间在逐渐缩短。每分钟缩短的距离就是两人的速度之和，也就是他们之间的距离每分钟会缩短 150 米。

　　两个人需要把总长 2100 米的距离缩短至零才能相遇，用这个距离除以 150 米等于 14，也就是两个人出门 14 分钟后就会相遇啦。

　　接下来，我们再来看看下面这个问题吧。

小刚以每分钟 60 米的速度出发向学校走去，走了 6 分钟后，妈妈发现他忘带了一样东西，于是妈妈出门，以每分钟 90 米的速度去追小刚。妈妈出门后多少分钟能追上小刚呢？

妈妈出发的时候，小刚已经走了 360 米。

妈妈出发后 1 分钟，两人之间缩短的距离是 90 米减去 60 米等于 30 米。也就是说，两人之间的距离

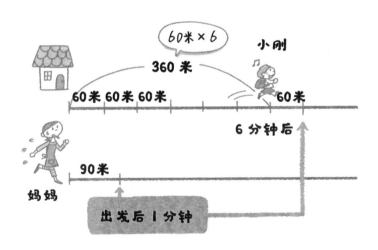

每分钟缩短距离 90−60＝30（米）

**360 ÷ 30＝12（分钟）能追上**

每分钟缩短 30 米，用本来两个人之间的距离 360 米除以 30 等于 12，所以妈妈出发后 12 分钟就能追上小刚啦。

在前面的问题中，两个人相向而行的时候，是以"两个人的速度之和"渐渐缩短距离的。

但是，在这道题中，两个人向同样的方向走时，后面的人是以"两个人的速度之差"渐渐追上前面的人的。

不管是相向而行还是其中一个人追赶另一个人，都要搞清楚两人之间的距离、两人是相向而行还是向同一方向追赶这两个关键的解题信息。

小亮和小花同时出发，分别从相距 3.3 千米的两个地方向对方行进。小亮骑自行车，每分钟骑行 160 米，小花步行，每分钟走 60 米。两个人出发后多少分钟能相遇呢?

答案: 15 分钟

# 钟表指针的追逐
## ——钟表问题

在大家的家里和教室里都有钟表吧，下面这个问题就和钟表有关，我们一起看一看吧。

3 点 10 分的时候，分针和时针之间形成的较小的夹角是多少度呢？

我们把这个时间画到钟表上看看，大致是下图中钟表那样。

**3 点 10 分时**

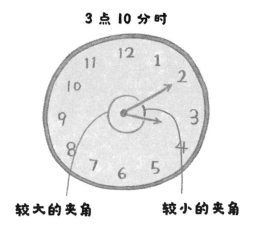

较大的夹角　　　　　较小的夹角

那么怎么才能知道夹角的度数呢?

钟表的分针和时针是一直运行着的，就像前面妈妈去追赶小刚一样，都是以不同的速度向着同一个方向行走。

我们先来看看钟表各个指针运行的速度吧。

分针1小时走完1圈360度，所以分针1分钟前进6度。

时针12小时走完1圈360度，所以1小时走30度，1分钟走0.5度。

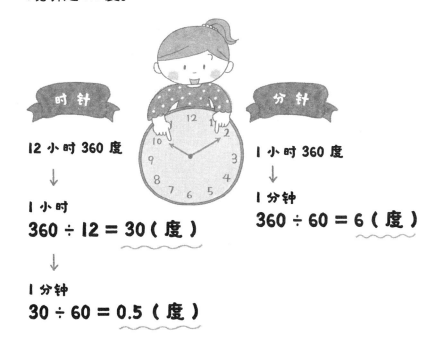

时针

12 小时 360 度

↓

1 小时

**360 ÷ 12 = 30 （度）**

↓

1 分钟

**30 ÷ 60 = 0.5 （度）**

分针

1 小时 360 度

↓

1 分钟

**360 ÷ 60 = 6 （度）**

下图中时针和分针之间形成的夹角中，较小的夹角的角度，在 3 点钟的时候刚好是 90 度。从那里开始，时针以每分钟 0.5 度的速度、分针以每分钟 6 度的速度前进。到 3 点 10 分的 10 分钟内，分针和时针之间的距离（角度）发生了怎样的变化呢？

是变得更近了吗？是的，它们之间的距离每 1 分钟缩小 6 度减 0.5 度等于 5.5 度。到了 3 点 10 分的时候，它们之间的距离缩短了 5.5 度的 10 倍，即 55 度。用 90 度减去 55 度等于 35 度，这就是分针和时针之间的角度啦。

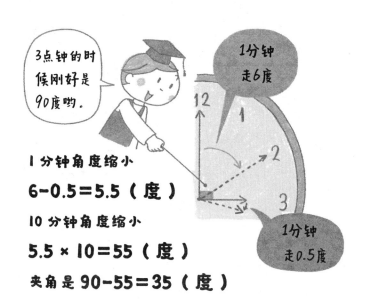

3点钟的时候刚好是90度哟.

1分钟走6度

1分钟角度缩小

**6-0.5＝5.5（度）**

10分钟角度缩小

**5.5×10＝55（度）**

**夹角是90-55＝35（度）**

1分钟走0.5度

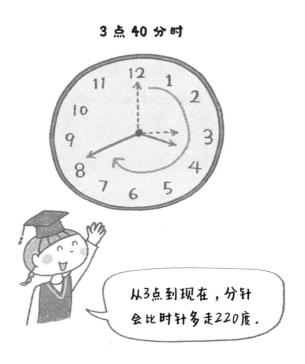

**3 点 40 分时**

从3点到现在，分针会比时针多走220度。

那么，3点40分，分针追上并超过时针，情况又如何呢？

基本的解题思路是一样的。每过1分钟，分针就会比时针多走5.5度，这个条件是不变的。

经过 40 分钟后，分针比时针多走 5.5 度的 40 倍，也就是 220 度。

但是，在 3 点钟的时候，时针已经走了 90 度了，所以 220 度减去 90 度等于 130 度，这才是正确的答案。

在思考钟表问题的时候，如果是问 9 点 20 分角度是多少，那就以 9 点整的分针和时针的角度为基准；如果问 2 点 30 分，那就以 2 点整的分针和时针的角度为基准来计算。

在下面的时间里，分针和时针形成的较小的夹角
是多少度？

（1）9点20分

（2）5点40分

# 火车从面前通过需要多长时间
## —— 火车问题

大家坐车时有没有遇到过铁路道口（道路与铁路平面相交处）呢？在那里等待火车通过的时候，有没有发现有的火车用的时间长，有的用的时间短啊？这次的问题便与此有关。

一列长 120 米的火车以每小时 54 千米的速度从在铁路道口等待的人们面前通过需要多少秒呢？

火车行驶速度很快，我们通常用"时速□千米"来表示火车的速度，但是，在这个问题中，火车的长度用"米"做单位，通过所用的时间用"秒"做单位，所以在这里，火车的速度也变为用"每秒行驶□米"来表示啦。

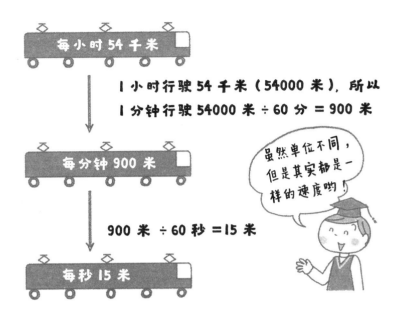

每小时 54 千米

1 小时行驶 54 千米（54000 米），所以
1 分钟行驶 54000 米 ÷ 60 分 = 900 米

每分钟 900 米

虽然单位不同，但是其实都是一样的速度哟！

900 米 ÷ 60 秒 = 15 米

每秒 15 米

如上图所示，把火车的行驶速度从每小时行驶 54 千米转换成了每秒行驶 15 米。

那么接下来，我们想想"火车通过"是指什么呢？

当火车还在面前的时候，应该是火车还"没有通过"呢。"火车通过"的意思就是，像下一页图所示的那样，火车的车头至尾部全都从眼前驶过的状态，而且火车移动的距离就等于它自身的长度。也就是说，火车

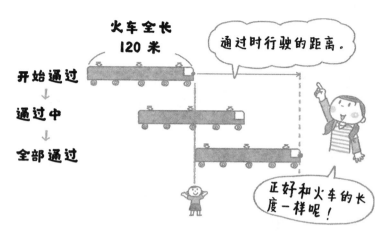

火车全长
120 米

通过时行驶的距离.

开始通过
↓
通过中
↓
全部通过

正好和火车的长度一样呢!

以每秒 15 米的速度驶过 120 米的火车的长度所用的时间是

$$120 \div 15 = 8 \text{（秒）}$$

通过所用的时间就是用每秒 15 米的速度行驶 120 米所用的时间，120 米除以 15 秒，计算结果是 8 秒。

下面，我们来看看关于火车穿过隧道的问题吧。

一列长度是 120 米的火车，以每小时 72 千米的速度行驶，这列火车穿过长 160 米的隧道需要多少秒呢?

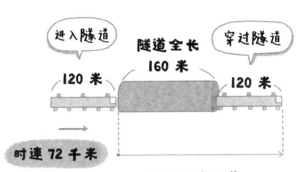

进入隧道    隧道全长 160 米    穿过隧道

120 米      120 米

时速 72 千米

完全穿过隧道

行驶的距离一共是

160 + 120 = 280（米）

时速 72 千米等于

| | |
|---|---|
| 每小时行驶 | 72 千米（72000 米） |
| 每分钟行驶 | 72000 ÷ 60 = 1200（米） |
| 每秒行驶 | 1200 ÷ 60 = 20（米） |

也就是秒速20米。

穿过隧道一共用的时间是

以每秒 20 米的速度行驶 280 米，答案是

$$280 ÷ 20 = 14（秒）$$

和前面的问题不同的是，通过铁路道口变成了穿过隧道。从一条很长的隧道穿过去的话，火车就要行驶更长的距离了。依旧通过画图的方法来梳理解题思路。

从进入隧道到穿过隧道出来，火车行驶的距离就是隧道的长度160米和火车车体长度120米的和，也就是280米，这样就可以算出驶过这个距离所需要的时间啦。用280米除以换算后火车每秒行驶的速度，就可以得出火车穿过隧道需要14秒。

在这种计算火车通过某地需要用多长时间的问题里，清晰地计算出通过的距离是解题的关键，而且还要注意不同单位的换算。

一列长 105 米的火车，以时速 90 千米的速度行驶，请问这列火车通过一架 145 米的大桥需要用多少秒？

答案：10 秒

# 同一艘船逆流和顺流行驶，
# 速度一样吗
## ——流水行船

　　火车行驶的问题解决了，接下来我们来看看关于船行驶的问题吧。

　　有一艘船，在静水中行驶的速度，也就是船速是每小时 7 千米，那么在水流时速是 2 千米的河里逆流而上时，这艘船的时速会变成多少千米呢？

　　大家有没有在水流动的游泳池里游过泳呢？有没有觉得顺着水流游的时候会很轻松，但是逆着水流游的时候会很费力呢？

　　那是因为，就算我们用一样的力气游泳，还是会受到水流的速度的影响。

　　对于在河里行驶的船来说，也是这样的。顺着河水流动的方向行驶的时候，船的行驶速度是船速加上水流的速度。相反，如果船逆着水流的方向行驶，行驶速度则是船速减去水流的速度。

在这次的问题里，船是逆流而上的，所以行驶的速度是船的时速减去水流的时速，答案是时速 5 千米。

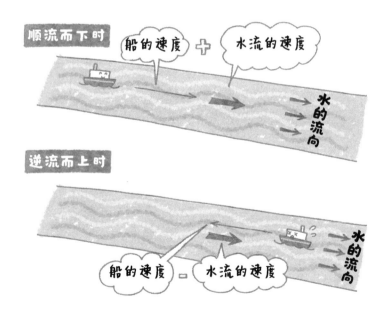

那么接下来的这个问题又该如何解决呢？

有一艘船行驶在水流速度固定的河里的 A 地和 B 地之间，逆流而上需要 5 小时，顺流而下需要 2 小时。已知 A 地和 B 地之间相距 20 千米，那么河水水流的时速是多少千米呢？

就像前面问题中提到的，船的速度会受到河水水

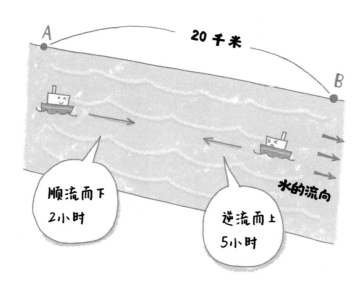

A    20 千米    B

顺流而下
2小时

逆流而上
5小时

水的流向

流速度的影响。现在我们已知船行驶的时间和距离，那么就可以计算出速度了。船逆流而上行驶 20 千米要花 5 小时，所以时速是 4 千米；顺流而下需要 2 小时行驶完 20 千米，所以时速是 10 千米。

我们画图来整理一下信息，如下图所示。

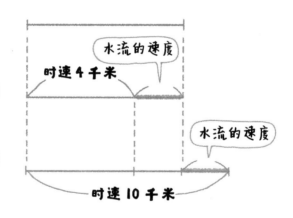

静水中
船的速度

逆流而上
船的速度

顺流而下
船的速度

水流的速度

时速 4 千米

水流的速度

时速 10 千米

逆流而上时行驶速度变慢，顺流而下时行驶速度变快。

通过示意图可知，船在逆流而上和顺流而下时的时速相差6千米。因为水流的速度在船顺流和逆流时都一样，所以6千米就是水流速度的2倍，计算出水流的时速是3千米，还可以得出，船在静水里的时速是7千米。

## 练一练

有一艘船行驶在水流速度固定的河里的A地和B地之间，逆流而上需要用10小时，顺流而下需要5小时。已知A地和B地之间相距40千米，请问河水的水流时速是多少千米呢？

答案：时速是2千米

# 道路两端是否种树，
# 树的数量一样吗
## —— 植树问题

大家上学的路上或家附近的道路两边，有没有种着很多树呢？这次，我们来看看和种树有关的问题吧。

如果要在长 100 米的道路旁，每隔 10 米种 1 棵树，并且在路两端都要种上树，一共需要种多少棵树呢？

也许有人会说，在 100 米的道路旁，每隔 10 米种 1 棵树，就是 100 除以 10 等于 10 棵。

那么，我们就一起看着下一页的图，数一数有几棵树吧。

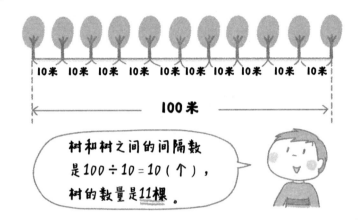

　　1、2、3……一共有 11 棵树呢。树和树之间的间隔数是 100 除以 10 等于 10。但树的数量却比间隔的数量多出 1 来。

　　那么接下来，我们看看如果两端不种树，是什么情况呢？这次会是 10 棵树吗？我们还是画图来看看吧，如下一页的图所示。

　　这次也一样，树和树之间的间隔数是 100 除以 10 等于 10。而树的数量却少了 1 棵，一共是 9 棵。

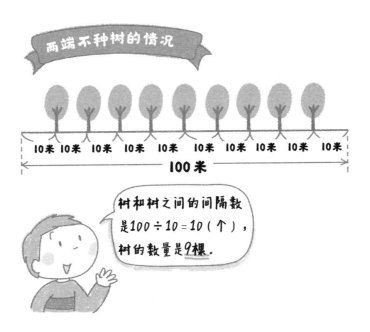

两端不种树的情况

10米 10米 10米 10米 10米 10米 10米 10米 10米 10米

100米

树和树之间的间隔数
是 100 ÷ 10 = 10（个），
树的数量是 9 棵。

☆ **两端都种树**

　　树的数量 = 树和树之间的间隔数 + 1

☆ **两端都不种树**

　　树的数量 = 树和树之间的间隔数 - 1

再来看下面这个问题。

在道路旁，每隔 2 米种 1 棵树，两端也要种树，一共需要种 5 棵树。请问这条路长多少米呢？

因为问题是要计算这条路有多长，所以，用树和树之间的间隔长度 2 米乘树和树之间的间隔数就好啦。可是，树和树之间的间隔有多少个呢？

两端都要种树

2 米

嗯……
每隔2米
种1棵树……

在这个问题里，道路两端都要种树。树和树之间的间隔数比树的数量少1，所以是4个。那么这条路的长度就是2米的4倍，也就是8米。

　　到此为止，我们一直在思考在笔直的道路旁种树的问题，那么如果我们要在池塘或湖周围种树又是怎样的情况呢？

　　那么接下来，我们看看沿着圆形池塘，而非笔直的道路种树的情况如何吧。

　　沿着周长是120米的池塘种树，每隔15米种1棵树，一共需要种多少棵树呢？

　　"两端种树吗？"有人问。

　　因为这是池塘啊，就算有的地方凹凸不平，但整体上看还是一个圆形。圆形的两头连在一起，所以沿着圆形种树就没有所谓的两端了。

　　我们在这里还是画图来数数看吧。

如下图所示，可以看出"树的数量"和"树与树之间的间隔数"是一样的。

在这个问题中，120 米中有 8 个 15 米。这是树和树之间的间隔数，所以树的数量也是 8 棵。

解这类问题的时候，要注意题目的场景中有没有两端哟。

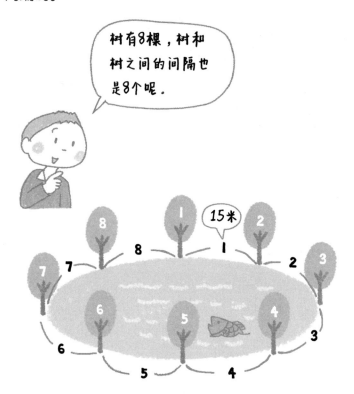

树有8棵，树和树之间的间隔也是8个呢。

1. 在一条笔直的路旁，每隔5米插1支旗子，一共插了130支旗子。如果这条路的两端也插着旗子，那么这条路有多少米？

2. 沿着周长为480米的池塘种树，每隔30米种1棵树。一共要种多少棵树？

答案：1. 645 米

2. 16 棵

# 找一找规律吧
## ——等差数列

这次，我们用火柴棒作为道具来出一道题吧。

用火柴棒拼出1个三角形。再加2根火柴棒就可以在这个三角形旁边拼出1个倒着的三角形，形成2个相连的三角形。再继续增加2根火柴棒就可以拼出3个相连的三角形了。那么要拼出5个相连的三角形，一共需要多少根火柴棒呢?

深色的是最开始用的3根火柴棒。

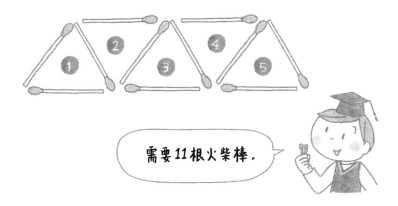

需要11根火柴棒.

只要画一张图来看一看，是不是很快就明白了?

拼出 5 个相连的三角形一共需要 11 根火柴棒。

那么如果要翻一倍，拼出 10 个三角形，一共需要多少根火柴棒呢?

还是画出图来看看就明白了，但是画出 10 个三角形来太麻烦了。既然拼出 5 个三角形要用 11 根火柴棒，那么拼 10 个三角形需要的火柴棒不就是 11 根的 2 倍，22 根吗?

还是说，每个三角形用 2 根火柴棒，10 个三角形一共需要 20 根火柴棒呢?

我们从拼1个三角形开始，依次把拼到第5个三角形需要的火柴棒的数量全都写下来看看吧。

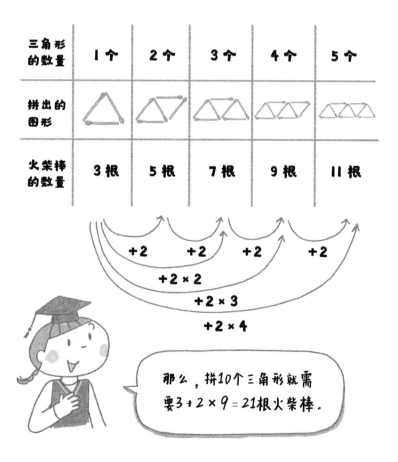

| 三角形的数量 | 1个 | 2个 | 3个 | 4个 | 5个 |
|---|---|---|---|---|---|
| 拼出的图形 | | | | | |
| 火柴棒的数量 | 3根 | 5根 | 7根 | 9根 | 11根 |

+2    +2    +2    +2

+2×2

+2×3

+2×4

那么，拼10个三角形就需要3+2×9=21根火柴棒。

如前一页图所示，我们可以看出，随着三角形的增加，火柴棒的数量每次增加2根。除了最开始拼的三角形需要3根火柴棒，之后每增加一个三角形只需加2根火柴棒，也就是3加上要拼的三角形个数减去1的差乘2，就是要拼的三角形一共所需要的火柴棒的数量了。例如，要拼4个三角形所需的火柴棒数量，就是最开始的3根火柴棒，加上3乘2。

所以，拼10个三角形需要的火柴棒数量是10减去1的差乘2，再加3，结果是21根。

用这个方法，只要知道数字是以什么规律增加的，即使不画图，也可以计算出结果啦。

## 练一练

如下图所示，用火柴棒拼出相连的正方形。如果要拼 20 个正方形，需要多少根火柴棒？

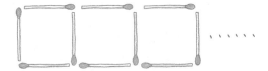

答案：61 根

190

## 练一练

如下图所示，用火柴棒拼出相连的六边形。如果用 31 根火柴棒，可以拼出几个六边形呢？

答案：6 个

191

# 结束语

　　"为什么做分数的除法运算时，要把分子和分母颠倒过来再做乘法呢？"

　　在被问到这个问题的时候，大多数成年人也无法做出很好的解释，他们只是知道这样颠倒后可以计算出问题的答案。

　　小数的计算，跟整数的计算方式一样，最后确定小数点的位置就可以求出答案。只要明白规则，计算过程并没有那么难。但是，想要解释小数点的位置"为什么要放在那里"却不是一件很容易的事情。

　　在解释"这是为什么"的时候，条理清晰地思考是很有必要的，这个思考的过程也很重要。不仅仅是通过计算得到答案，在这个思考的过程中，大家的思考能力也得到了进一步提升。

我想，大家读这本书时，一定思考了许多的“为什么”吧。在今后的生活中，当你们遇到各种各样的问题时，这种思考能力可以帮助大家解决问题。

在感到“真是奇怪”“还是不太懂啊”的时候，恰恰也是能去思考的机会。从今往后，也希望大家可以一边提问一边继续提升思考能力。如果这本书也能帮助大家提升思考能力，那么我会感到很荣幸。

筑波大学附属小学

中田寿幸

# 监修介绍

## 中田寿幸

1965 年生于东京，从小在千叶县松户市长大。小学、初中和高中都就读于千叶县的公立学校，大学毕业于千叶大学，之后分别于千叶县镰谷市公立小学和松户市公立小学担任教师，现任筑波大学附属小学教师，同时担任千叶县算友会代表、日本全国数学课程研究会常任理事、数学课程 ICT 研究会理事、骨干学术能力研究会负责人、日本数学教育学会研究部干事、双月刊《数学教学研究》编辑委员、学校图书数学教科书编辑委员。